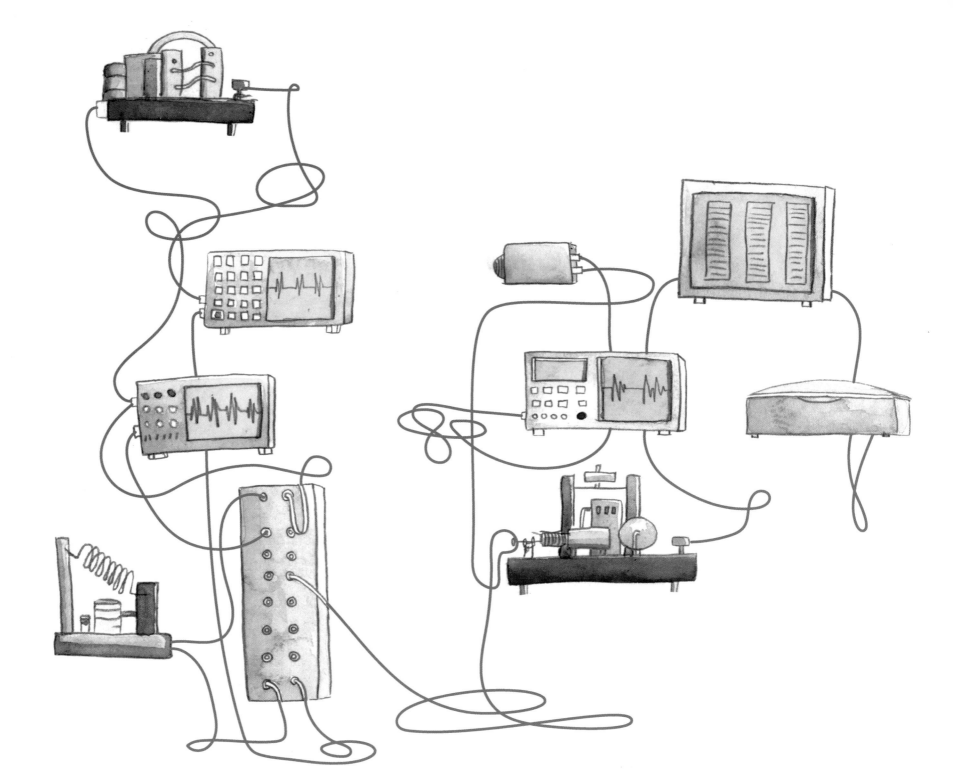

|万物的秘密 **自然**|

大摇小晃的地震

〔法〕米夏尔·弗兰科尼 著

〔法〕席琳·马尼利耶 绘

苏迪 译

人民文学出版社

PEOPLE'S LITERATURE PUBLISHING HOUSE

月球、火星、金星、水星都不会震动……
只有地球会震动！

一种怪异的仪器已遍布全球，
夜以继日地接收、探测、记录着地面的震动：
地震仪。

即便一些地壳震动我们无法感知，
这种仪器仍能一一记录。

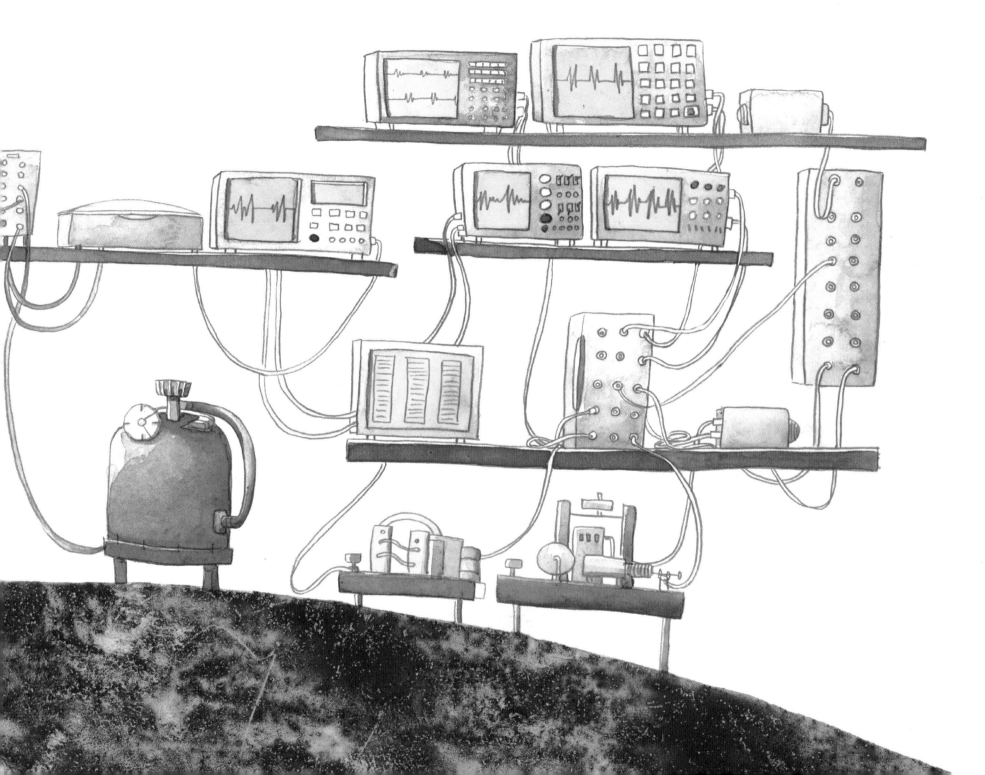

地震仪每年能够探测到五十万到一百万次地震!

都是小地震……

太好了，因为小地震越多，

破坏性巨大的大地震就越少!

我们用里氏震级划分地震强度。

一共分成九级。

一到五级的地震，没有感觉，或者只有小幅震动；

从五级开始，就有可能造成重大损失；

七到九级，就好像哥斯拉①刚刚路过！

这可不是电影！

①哥斯拉，曾出现在电影《哥斯拉》里的一种巨型怪兽，可以轻易毁灭一座城市。

大地震一旦发生，
城市里的燃气管道和电缆还会引发爆炸和火灾，
这会让情况变得更糟。

如果核电站受损，
危害可能延续数百年。
在日本福岛，
曾因核电站受损而泄漏了极其危险的放射性物质。

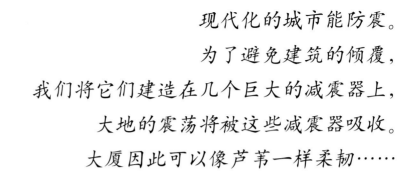

现代化的城市能防震。
为了避免建筑的倾覆，
我们将它们建造在几个巨大的减震器上，
大地的震荡将被这些减震器吸收。
大厦因此可以像芦苇一样柔韧……

但在一些贫困国家，
比如海地和尼泊尔，
大量住宅由居民取材自建。
这些房屋彼此紧密相连，
根本无法抵御地震。

地球十分好动，
因为高山、盆地、平原、海洋
全都"漂浮"在地幔上。
它们就好像是浮在厚泥层上的
几只竹筏。

大陆地壳

海洋地壳

上地幔

地核

地幔既不是液体，也不是固体，
而是一坨炽热、活跃的烂泥。
大陆地壳远厚于海洋地壳，
但两者都能感应到地幔的缓慢运动。

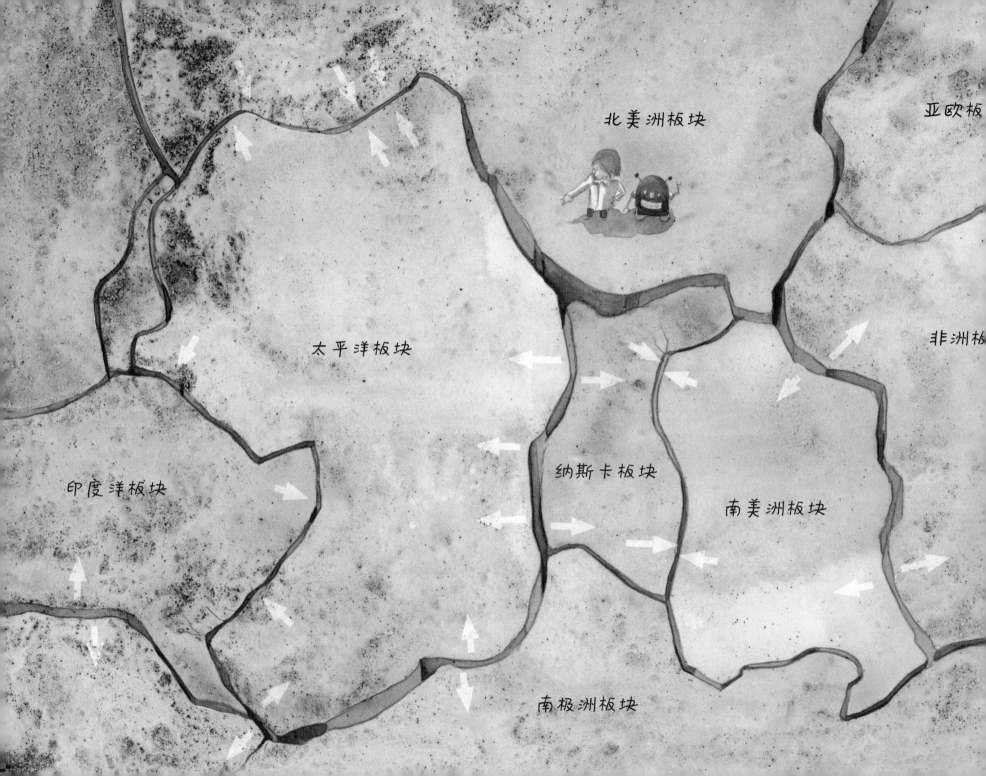

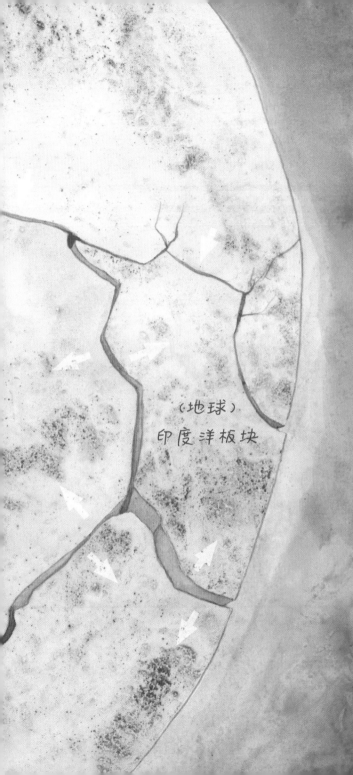

（地球）
印度洋板块

巨大的大陆地壳和海洋地壳的拼图
被称为构造板块。

一些板块互相背离，
另一些板块互相靠拢、碰撞、挤压……

压力在这些区域不断累积，
这就好像我们正在按压弹簧。

然而，岩石没有弹性。
于是，它们会形成或大或小的裂缝；
裂缝越来越多就会形成断层或断裂带；
断层或断裂带一旦发生位移，地震便发生了。

断层总会稳定下来，压力也会重新累积，
然后断层再次移动……地震再次发生……

一些断层沿水平方向错位，
另一些断层沿竖直方向起落。
地震学家将它们称为平移断层、正断层和逆断层。

如果断层时常移动，
压力就会慢慢地释放，
震动就会在地壳深处散尽，
地面就不会有任何损失。
只有地震仪能够探测到这些小地震。

如果长期累积的压力在某一刻突然释放，
断层就会剧烈运动，震动就会扩散，
冲击波就会从深邃的震源，
往地面传递——在地面形成震中区，
那是震动最强烈的区域。

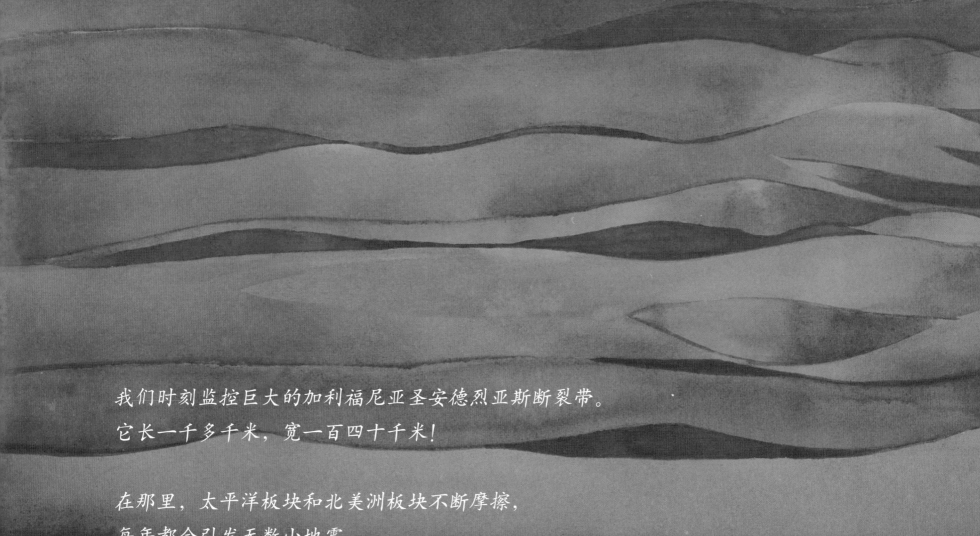

我们时刻监控巨大的加利福尼亚圣安德烈亚斯断裂带。
它长一千多千米，宽一百四十千米！

在那里，太平洋板块和北美洲板块不断摩擦，
每年都会引发无数小地震，
幸好不会造成太大损失。

但是我们害怕，大地震会在某一刻
摧毁旧金山和洛杉矶。

构造板块引发的地震最为普遍。
但火山喷发、地洞坍塌、
冰川崩裂，
也会引发地震。

人类活动也能撼动大地。
修建巨型水坝、开矿、核试验、轰炸、
在地下页岩中勘探天然气……都会诱发地震。
请善待我们的地壳!

在水下，地壳也会震动。
如果海底地震剧烈，
震动就会影响海水，
制造出速度堪比飞机的海浪。

起初，它们只是普通海浪。

随后，它们不断增长。

浪与浪之间的距离越长，破坏力就越强。

它们最终涌上陆地，吞没一切：

这就是海啸。

地震发生时，我们会感到害怕。
但此刻，我们不应该向四处逃跑！
如果在室内，我们应该远离窗户，
在坚固的桌子底下或者在承重墙边缩成一团。
如果在室外，我们应该远离电线和房屋。
如果在车里，我们应该立即停车，不要出来。

第一次震动后，可能会有余震。
我们应该继续等待，不要乘坐电梯，
利用地震的间歇，切断煤气、水和电。

我们无法预测大地震何时来临，
今天？明天？或者一百年后？

但我们发现，地震前，许多动物会有异样的表现。
比如在意大利，地震前五天，蟾蜍会全部消失。

纯属巧合？它们到底闻到了什么？

地震前，天然气会从地下溢出吗？

还是有人类无法察觉的微小震动？这是一个谜。

地震学家还没有定论……

大摇小晃的地震

第一次有文字记载的地震可以追溯到公元前780年。地震发生在中国，但当时的人们认为，那是对皇帝的天谴。尽管早在古希腊，哲学家亚里士多德就曾用自然成因解释地震，但此后几个世纪，人们仍然相信地震有某些非自然成因。

1755年，里斯本的地震以及紧随其后的可怕海啸摧毁了整座城市，并在整个欧洲引发了神学家与哲学家的大论战，连著名的德国哲学家康德也参与了这场论战。虽然康德的观点在日后也被现代科学否定，但这场论战催生了真正理性的地震研究——地震学。

这门科学一直不具备说服力，直至二十世纪初，科学家开始全球监测地震现象，与此同时，大陆漂移理论诞生。这一理论的创立者阿尔弗雷德·魏格纳指出，地球起初只有一块超级大陆——盘古大陆，然后超级大陆分裂，开始形成现在的各大陆，大西洋也随之出现。此后各大陆一直都在漂移。

这一理论经过不断修正，几十年后，我们确立了六大板块：太平洋板块、亚欧板块、印度洋板块、非洲板块、美洲板块和南极洲板块。如今，我们确定了有十五个或大或小的板块。

板块由大陆地壳和海洋地壳组成。地壳下方，是坚硬的上地幔。在这个硬度很高的岩石圈下，较柔软的下地幔同样受板块运动的影响。板块之间或者相互碰撞，或者彼此远离，或者不断发生小摩擦，我们称之为汇聚、离散、守恒。持续的板块移动是大部分地震形成的主因。大地震都发生在板块汇聚区域。比如，1960年智利南部的9.5级大地震。

板块移动会在岩石圈中形成新的断层。如果断层的两个断层面持续滑动，压力就会疏解，这类断层称为非地震断层。相反，如果两个断层面相互阻塞，压力就会累积，这类断层称为地震断层，它的阻力必将在某一刻爆发。在断层中，如果水平位置低的断层面上升，高处的断层面下沉，则称为正断层；如果水平位置低的断层面下沉，高处的断层面上升，则称为逆断层。如果断层面水平滑动，这类断层称为平移断层。这三种情况都会引发地震。

　　地震的震源通常用一个点表示，但事实上，它并非一个点。两个断层间的断裂面可能长达数千米。这类断裂会在地壳深处动摇周围的岩层。如果冲击波抵达地表，我们就会感知或大或小的地震。地表遭受冲击的区域称为震中。

　　一些断层在地下非常深的位置，它产生的冲击波必须很强，我们才能感知。另一些靠近甚至露出地表的断层，比如圣安德烈亚斯断裂带，就可能引发强烈地震。而且断层的移动会产生新的地震断层或非地震断层。

　　岩石圈中的活跃断层数不胜数。最先进的地震仪可以探测到它们最轻微的运动，因此我们也发现了越来越多的危险区域。然而，我们无法精确推算毁灭性的地震在何时、何地会发生。为了预测地震，地球物理学家正在改进他们的运算方程式，动物生态学家正在观察一些动物的异常行为。

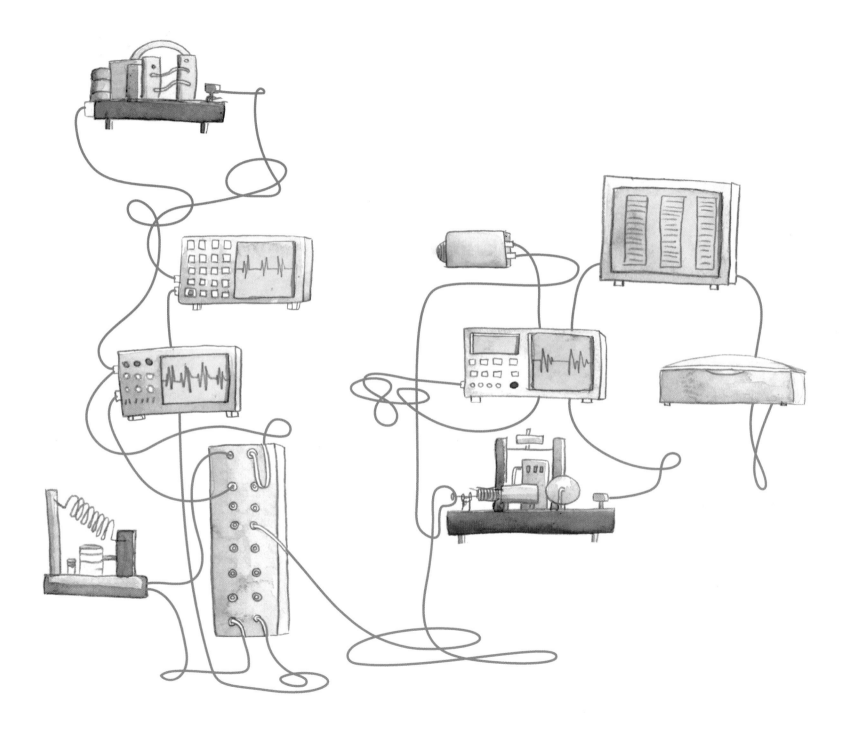

著作权合同登记：图字 01–2019–5209 号

Michel Francesconi, illustrated by Céline Manillier

Mini-secousses et grands tremblements

©Les Editions du Ricochet, 2016
Simplified Chinese copyright © Shanghai 99 Readers' Culture Co., Ltd. 2019
ALL RIGHTS RESERVED

图书在版编目 (CIP) 数据

大摇小晃的地震 / (法) 米夏尔·弗兰科尼著；
(法) 席琳·马尼利耶绘；苏迪译 . –– 北京：人民文学
出版社 , 2020（2023.2 重印）
　（万物的秘密 . 自然）
ISBN 978–7–02–015588–0

Ⅰ . ①大… Ⅱ . ①米… ②席… ③苏… Ⅲ . ①地震 –
儿童读物 Ⅳ . ① P315.4–49

中国版本图书馆 CIP 数据核字 (2019) 第 171573 号

责任编辑　朱卫净　　杨　芹
装帧设计　高静芳

出版发行　人民文学出版社
社　　址　北京市朝内大街 166 号
邮政编码　100705
印　　制　宁波市大港印务有限公司
经　　销　全国新华书店等
字　　数　3 千字
开　　本　850 毫米 × 1168 毫米　　1/16
印　　张　2.5
版　　次　2020 年 5 月北京第 1 版
印　　次　2023 年 2 月第 2 次印刷
书　　号　978–7–02–015588–0
定　　价　35.00 元

如有印装质量问题，请与本社图书销售中心调换。电话：010–65233595

为孩子们的心中播下一颗**够文艺、够浪漫、够多情**的科学种子

科学唯美图画书·探索**万物的秘密**

生命

自然